BEI GRIN MACHT SICH IHR WISSEN BEZAHLT

AF140846

- Wir veröffentlichen Ihre Hausarbeit, Bachelor- und Masterarbeit

- Ihr eigenes eBook und Buch - weltweit in allen wichtigen Shops

- Verdienen Sie an jedem Verkauf

Jetzt bei www.GRIN.com hochladen und kostenlos publizieren

Bibliografische Information der Deutschen Nationalbibliothek:

Die Deutsche Bibliothek verzeichnet diese Publikation in der Deutschen National-
bibliografie; detaillierte bibliografische Daten sind im Internet über http://dnb.d-
nb.de/ abrufbar.

Impressum:

Copyright © 2014 GRIN Verlag, Open Publishing GmbH
Druck und Bindung: Books on Demand GmbH, Norderstedt Germany
ISBN: 978-3-668-17663-8

Dieses Buch bei GRIN:

http://www.grin.com/de/e-book/318067/warum-schwimmt-oder-sinkt-etwas-sach-
unterricht-1-2-klasse

Christa Lenz

Warum schwimmt oder sinkt etwas? (Sachunterricht, 1./2. Klasse)

GRIN Verlag

GRIN - Your knowledge has value

Der GRIN Verlag publiziert seit 1998 wissenschaftliche Arbeiten von Studenten, Hochschullehrern und anderen Akademikern als eBook und gedrucktes Buch. Die Verlagswebsite www.grin.com ist die ideale Plattform zur Veröffentlichung von Hausarbeiten, Abschlussarbeiten, wissenschaftlichen Aufsätzen, Dissertationen und Fachbüchern.

Besuchen Sie uns im Internet:

http://www.grin.com/

http://www.facebook.com/grincom

http://www.twitter.com/grin_com

Zentrum für schulpraktische Lehrerausbildung Kleve

Seminar Grundschule

Schriftliche Unterrichtsplanung zum 2. Unterrichtsbesuch

im Fach Sachunterricht

Thema der Unterrichtsreihe

„Schwimmen und Sinken"

Wir untersuchen handlungsorientiert das Schwimmverhalten von Vollkörpern sowie die Verdrängung von Wasser.

Thema der Unterrichtsstunde

„Warum schwimmt oder sinkt etwas?"

Wir überprüfen und festigen handlungsorientiert unsere Vorstellung, dass das Schwimmen und Sinken verschiedener Gegenstände materialabhängig ist.

❖ **Einbettung der Stunde in die Unterrichtsreihe**

Zentrale Absichten der Unterrichtsreihe

- Veränderung und Erweiterung eigener Vorstellungen bis hin zum Aufbau wissenschaftlicher Konzepte für die physikalischen Vorgänge des Schwimmverhaltens von Vollkörpern und der Verdrängung von Wasser
- Bedeutung des Materialkonzeptes zum Schwimmen und Sinken entdecken und allgemeingültige Erklärungen für das Schwimmverhalten verschiedener Vollkörper finden
- selbstständige Planung und Durchführung von Versuchen und ihrer Auswertung
- Einführung in kooperative Arbeitsformen („Gruppenarbeit")

(vgl. Klasse(n)kisten I „Schwimmen und Sinken")

Stunde	Thema	Zentrale Absicht
1	Was schwimmt, was sinkt? Erste Vermutungen - Die SuS[1] stellen Vermutungen zum Schwimmverhalten unterschiedlicher Gegenständen an, notieren und diskutieren diese. 20.10.2014	Die SuS sollen ihr Vorwissen aktualisieren, lernen Vermutungen zu äußern und diese zu diskutieren.
2	Was schwimmt, was sinkt? Wir überprüfen - Die SuS führen in Gruppen Versuche zum Schwimmverhalten von unterschiedlichen Gegenständen durch und bestätigen oder widerlegen ihre Vermutungen der letzten Stunde. 22.10.2014	Die SuS sollen durch das Überprüfen ihrer Vermutungen Fehlkonzepte entdecken, um neue Vorstellungen aufbauen zu können.
3	**Warum schwimmt oder sinkt etwas?** **-** **Die SuS formulieren All-Aussagen und überprüfen handlungsorientiert ihre Vorstellung, dass das Schwimmverhalten verschiedener Gegenstände materialabhängig ist.** **29.10.2014**	**Die SuS sollen über das selbständige Vermuten und Durchführen von Versuchen ihre Vorstellungen zum Schwimmverhalten verschiedener Gegenstände ausdifferenzieren und festigen, um zu einer sicheren Vorstellung des Materialkonzeptes zu gelangen.**

---

[1] SuS = Schülerinnen und Schüler, diese Abkürzung soll im Folgenden vorgenommen werden

4	Wir bauen ein Floß - Bau eines Floßes aus verschiedenen Materialien, unter Berücksichtigung der bisherigen Einsichten zum Schwimmen und Sinken.	Die SuS sollen Erlerntes beim Bau eines Floßes praktisch umsetzen und überprüfen können.
5	Wir testen unser Floß - Überprüfung des Schwimmverhaltens einzelner Wasserfahrzeuge und Wiederholung sowie Festigung der wichtigsten Erkenntnisse.	Die SuS sollen ihre aufgebauten und veränderten Konzepte festigen und sich über ihren eigenen Lernzuwachs bewusst werden.
6	Was passiert beim Eintauchen in das Wasser? - Die SuS sollen Vermutungen aufstellen, welche in der nächsten Stunde überprüft werden.	Die SuS sollen erkennen, dass Gegenstände Wasser verdrängen können und dazu Vermutungen aufstellen.
7	Warum steigt das Wasser bei verschiedenen Gegenständen unterschiedlich hoch? - Die SuS überprüfen in Gruppenarbeit das Phänomen der Verdrängung durch selbstentwickelte Versuche zu ihren Vermutungen.	Die SuS sollen durch das Durchführen von Versuchen ihre Fehlkonzepte erkennen und korrigieren und durch den Austausch in der Gruppe Erklärungen dazu erarbeiten.
8	Das haben wir über „Schwimmen und Sinken" gelernt. - Die SuS bearbeiten selbstständig in Einzel- oder Partnerarbeit Aufgaben, die die bisher gelernten Konzepte festigen sowie den Transfer dieser auf neue Sachverhalte fordern.	Festigung der aufgebauten und veränderten Konzepte mit Hilfe einer Lernstandskontrolle am Ende der Unterrichtsreihe.

❖ Zentrale Absicht der Stunde und Lernchancen

<u>Meine Absicht</u>

Die SuS sollen über das selbständige Vermuten und Durchführen von Versuchen ihre Vorstellungen zum Schwimmverhalten verschiedener Gegenstände ausdifferenzieren und festigen, um zu einer sicheren Vorstellung des Materialkonzeptes zu gelangen.

Im Sinne meiner formulierten Absicht eröffne ich folgende Lernchancen:

<u>Auf der Ebene der Sacherfahrungen</u>

Die SuS haben die Chance,

- zu erkennen, dass das Schwimmverhalten verschiedener Gegenstände von ihrem Material abhängt.
- zu erfahren, dass Vermutungen mehrfach überprüft und ausdifferenziert werden müssen (z.b. Vermutung: „Alles, was leicht ist, schwimmt" Überprüfung: kleiner Stein/ Stecknadel geht unter).
- Versuche selbstständig durchzuführen und auszuwerten.

<u>Auf der Ebene der Individualerfahrungen</u>

Jede/r SchülerIn hat die Chance,

- eigene Konzepte zum Schwimmverhalten von Gegenständen als brauchbar oder problematisch wahrzunehmen.
- eigene Konzepte zum Schwimmverhalten von Gegenständen zu festigen oder zu verändern (conceptual growth / change).
- sich im Kommunizieren, äußern von Vermutungen und Entwickeln von Erklärungen zu schulen.

<u>Auf der Ebene der Sozialerfahrungen</u>

Die SuS haben die Chance,
- mit anderen über eigene Wahrnehmungen zu kommunizieren, die eigenen Grenzen der Vorstellung zu überwinden und neue Konzepte aufzubauen.
- die Gruppenarbeit als unterstützende und entlastende oder herausfordernde Sozialform wahrzunehmen.

1

❖ Sachinformationen zur Stunde / Fachdidaktische Analyse / Analyse der Lernaufgabe

Der Sachunterricht sollte „die Erfahrungen, Vorkenntnisse und Überlegungen der Lernenden konstruktiv aufnehmen und mit ihnen Wege des Entdeckens suchen, um gemeinsam zu gesicherten und verstandenem Wissen zu kommen" (Köhnlein: 1996, 61). Diesem Anspruch soll die Unterrichtsreihe „Schwimmen und Sinken" gerecht werden.

Das Ziel der Unterrichtsstunde ist es die physikalischen Vorgänge des Schwimmverhaltens von Vollkörpern zu untersuchen und zu einer sicheren Vorstellung des Materialkonzeptes (das Schwimmverhalten von Gegenständen ist materialabhängig) zu gelangen. Im Allgemeinen lässt sich formulieren: „Ein Vollkörper schwimmt, wenn seine Dichte geringer ist als die Dichte der Flüssigkeit, in die er eintaucht" (Klasse(n)kiste I: 2005, 16). Die Dichte von Wasser beträgt 1000 kg/m³ (bei 4°C), Styropor hat beispielsweise eine Dichte von 15-40 kg/m³ und eignet sich daher besonders gut als Schwimmvollkörper. Auch Holz schwimmt mit einer Dichte zwischen 470 und 720 kg/m³ auf Wasser. Die Dichte von Wachs ist ebenfalls mit 950 kg/m³ kleiner, als die von Wasser. Metall (z.B. Eisen/Stahl: 7860 kg/m³) und Stein (Sandstein: 2000 kg/m³) liegen in ihrer Dichte deutlich höher als Wasser und gehen unter. Allerdings reicht das Sortieren von Gegenständen nach Materialien nicht aus, da beispielsweise Ausnahmen wie Tropenholz (ca. 1100 kg/m³) eine höhere Dichte aufweisen als Wasser oder Bimssteine bei geringerer Dichte im Gegensatz zu anderen Steinsorten schwimmen können (vgl. Klasse(n)kiste I: 2005, 13-16).

Die SuS verfügen über verschiedene Präkonzepte zum Schwimmverhalten von Vollkörpern. Sie haben in ihren Vermutungen zu Beginn der Unterrichtsreihe geäußert, dass leichte, kleine und flache Gegenstände schwimmen können und schwere oder gelochte Gegenstände im Wasser untergehen. Im Unterricht wird nicht über den Begriff „Dichte" gesprochen; das bleibt dem weiterführenden Unterricht vorbehalten. Vielmehr geht es darum, dass den SuS bewusst wird, dass es nicht entscheidend ist für das Schwimmverhalten von Vollkörpern, ob sie flach, groß, klein, schwer oder leicht sind, sondern dass es von dem Material abhängt aus dem die Gegenstände bestehen. Ausnahmen, wie Tropenholz (geht unter) oder Bimsstein (schwimmt) werden in den darauffolgenden Stunden thematisiert.

Zu Beginn der Unterrichtsstunde sollen die SuS Vorstellungen und Vermutungen zum Schwimmverhalten verschiedener Gegenstände äußern und im Kreisgespräch entwickeln. Grenzen ihrer Vorstellungen sollen dabei aufgezeigt werden und zum Weiterlernen und Forschen anregen. Anhand von einfachen Versuchen können die SuS in Gruppen ihre Vorstellungen zum Schwimmverhalten verschiedener Gegenstände überprüfen oder widerlegen. Sie sollen sich beraten und ihre Vorstellungen miteinander vergleichen, Widersprüche und Unstimmigkeiten beim Untersuchen erkennen und sprachlich verständlich darstellen. Ihre Ergebnisse sollen sie interpretieren und aufgrund dieser, sich dem Materialkonzept bewusst werden, es festigen und ausdifferenzieren (vgl. Kahlert: 2009, 40-42). Gemeinsam sollen All-Aussagen formuliert werden, die das Materialkonzept in einfachen Worten ausdrücken („Alles, was aus Holz ist, schwimmt.").

Desweiteren ermöglicht die Unterrichtsstunde den SuS naturwissenschaftliche Denk-, Arbeits- und Handlungsweisen zu schulen. Die SuS sollen an ihren Vorstellungen anknüpfen und Vermutungen äußern, ggf. Vorstellungen verwerfen und neue aufgreifen und sich im strukturierten Durchführen von Versuchen üben. Die naturwissenschaftliche Arbeitsweise des Durchführens von Versuchen in Gruppenarbeit ist der Schülergruppe noch neu. Die Gruppenarbeit wird unterstützt durch verschiedene Rollen der Kinder, die Schritt für Schritt im Verlauf der Unterrichtsreihe eingeführt werden – den Zeitwächter, den Gesprächsleiter, den Materialwächter und den Lautstärkewächter. Bisher wurde ein erster Versuch zum Thema „Schwimmen und Sinken" in Gruppenarbeit erprobt und der Materialwächter sowie ein gemeinsamer Zeitwächter der Klasse eingeführt. Das Auftreten von Unsicherheiten und Schwierigkeiten in der Gruppenarbeit und Durchführung der Versuche ist möglich.

Im Anknüpfen, Aufgreifen und Verändern von Vorstellungen liegt der Schwerpunkt der Stunde. Die SuS orientieren sich an ihren bisherigen Vorerfahrungen und Erklärungsmustern – diese Präkonzepte können sehr stabil sein (vgl. Kursbuch: 2009, 626). Forschungen zeigen (vgl. Posner et al.: 1982, 211), dass neue Konzepte (*conceptual change*) nur akzeptiert und in die Wissensstruktur integriert werden, wenn sie bestimmte Bedingungen erfüllen: Zunächst muss eine Unzufriedenheit mit dem aktuell benutzten Konzept bestehen (*dissatisfaction*). Erst dann kommt für den Lernenden eine neue, verstehbare Vorstellung ins Spiel (*intelligible*). Diese muss als plausibel (*plausibel*) und für Anwendungen als fruchtbar angesehen werden (*fruitful*) (vgl. Posner: 1982, 225). Um diesen Konzeptwechsel zu ermöglichen, nimmt die Lehrperson die Rolle der „Stechmücke" ein. Sie sollte über entsprechende Impulse kognitive Widersprüche aufdecken und zum Weiterlernen motivieren (vgl. Kursbuch: 2009, 627).

Der Aufbau der Unterrichtsreihe soll den Kindern ermöglichen, die zuvor beschriebenen Konzepte aufzubauen. Die SuS sollen sich, angeregt durch den Floßbau in der darauf folgenden Stunde, ihrer Präkonzepte bewusst werden und behutsam ihre bereits in Grenzen existierenden Vorstellungen zum Materialkonzept aufbauen. Dabei müssen die SuS immer wieder ihre bestehenden Konzepte hinterfragen und ggf. verwerfen oder ausdifferenzieren.

Die Unterrichtsstunde entspricht den Anforderungen des Lehrplans: Die SuS „erleben, beobachten, untersuchen und deuten Naturphänomene" (Lehrplan, S. 7) und „entdecken Eigenschaften von z.B. Wasser [...] in Experimenten" (Lehrplan, S. 12). Für die SuS hat das Thema Lebensweltbezug und begleitend zum schulischen Schwimmunterricht eine besonders große Bedeutung, da sie im Schwimmbad dem Phänomen des Schwimmens und Sinkens verschiedener Gegenstände begegnen und ihre neu aufgebauten Konzepte direkt anwenden und überprüfen können.

Erhebung der Lernvoraussetzungen für die konkrete Sachunterrichtsstunde

LERNANFORDERUNG		AKTUELLER LERNSTAND	HANDLUNGSKONSEQUENZEN
		in Bezug auf die Sache	
Die SuS formulieren Vermutungen zum Schwimmverhalten verschiedener Gegenstände. Sie greifen dabei auf ihre Vorerfahrungen zurück (Transfer).		**xxx** beteiligen sich regelmäßig an Klassengesprächen und tragen diese durch anregende Beiträge.	Ich gehe davon aus, dass sie den Transfer leisten können, auf eigene Vorerfahrungen zurückzugreifen, und diese in Vermutungen zum Schwimmverhalten bestimmter Gegenstände äußern können.
		xxx beteiligen sich kaum an Unterrichtsgesprächen und sind oftmals abgelenkt.	Ich werde sie besonders im Blick haben, um wahrzunehmen, ob sie aktiv mitdenken, auch wenn sie sich nicht melden.
Die SuS stellen Verbindungen zwischen Beobachtungen und allgemeinen Gesetzmäßigkeiten her – erkennen ihre eigenen Vorstellungen möglicherweise als fehlerhaft und übernehmen neue, plausible Vorstellungen.		Seine Vorstellungen als fehlerhaft anzuerkennen und gegen neue auszutauschen wird allen Kindern, durch die selbstentdeckende Lernaufgabe gut gelingen. Voraussetzung dafür ist, dass sie aufmerksam den Versuch durchführen und ihre Ergebnisse zusammenfassen. **xxx** sind oftmals abgelenkt und arbeiten sehr langsam.	Um die SuS zu einem Konzeptwechsel anzuregen, müssen sie mit ihren Vorstellungen an Grenzen stoßen – diese muss die Lehrperson immer wieder durch entsprechende Impulse aufzeigen (insbesondere bei **xxx**) und so zum erneuten nachdenken anregen.
		in Bezug auf Methoden und Medien	
Die SuS führen in Gruppen von 4 Kindern Versuche durch und protokollieren ihre Beobachtungen und Erklärungen.		Das selbstständige Durchführen von Versuchen ist den Zweitklässlern bereits bekannt und von den Erstklässlern auch schon einige Male erprobt worden. Das eigenständige protokollieren der Beobachtungen und das Arbeiten mit Tabellen fällt vielen Erstklässlern noch schwer (vor allem **xxx**).	Durch die Gruppenarbeit erfahren die Kinder von selbst Unterstützung durch ihre Klassenkameraden. Treten dennoch Schwierigkeiten auf, werde ich mich den Kindern zuwenden und sie unterstützen.

Arbeitsmethode(n) des konkreten Lernbereichs

4

Lernbereichsübergreifende Arbeitsmethoden	Die SuS führen Diskussionen im Kreisgespräch.	Viele SuS (z.B. **xxx**) üben sich noch im verbalen Formulieren ihrer Vorstellungen und dem Begründen ihrer Aussagen.	Zur Unterstützung der Argumente der Kinder, können Versuche durchgeführt werden, die erste Vermutungen widerlegen oder bestätigen, um die Diskussion anzuregen.
		in Bezug auf Basiskompetenzen	
soziale Kompetenz	Die SuS arbeiten gemeinsam in Gruppenarbeit.	Die Gruppenarbeit ist für viele SuS noch eine Herausforderung und für die Erstklässler eine neue Arbeitsform. Es herrscht noch viel Unruhe bei der Platzfindung am Gruppentisch, zudem üben sich die Kinder noch die Lernaufgabe im gemeinsamen Austausch zu bearbeiten und sich gegenseitig zu unterstützen. Nicht immer können sich alle Kinder auf eine Gruppenarbeit einlassen. Vor allem **xxx** möchte oftmals nicht mit dem vorgegebenen Partner zusammenarbeiten.	An der Tafel visualisierte Gruppeneinteilungen mit den dazugehörigen Tischnummern, geben den SuS eine Unterstützung in der Gruppenfindung. Um den gemeinsamen Austausch in der Gruppe anzuregen, wirft die Lehrkraft in den Gruppen immer wieder Diskussionsfragen auf und verweist auf die Forscherfrage der Unterrichtsstunde. Vorgegebene Partner in der Gruppenarbeit, für die Zeit der Unterrichtsreihe, sollen den Kindern Orientierung geben. Die motivierenden Lernaufgaben können zusätzlich dazu beitragen, die Gruppenarbeit zu unterstützen.
personale Kompetenz	Sich im Kreisgespräch an Gesprächsregeln zu halten – andere ausreden zu lassen und ihnen zuzuhören.	**xxx** haben einen großen Bewegungsdrang, sind sehr leicht ablenkbar und vernachlässigen dadurch oftmals die Gesprächsregeln. Auch **xxx** beschäftigen sich schnell mit anderen Dingen, wenn ihnen langweilig wird.	Durch die offene Aufgabe und den experimentellen Anreiz werden die Kinder motiviert mitzudenken und selbst zum Forscher zu werden. Halten sich dennoch Kinder nicht an die Regeln im Gesprächskreis, kann ein SuS auch auf seinen Platz verwiesen werden.
Sprache und Sprechen	Vermutungen im Gesprächskreis vorstellen oder Ergebnisse vorstellen.	**xxx** sind sehr zurückhaltend und formulieren selten ganze Sätze. **xxx** hat einen ausgewiesenen Förderschwerpunkt im sprachlichen Bereich.	Durch das Wortspeicherplakat und Hilfestellungen (Satzanfang an der Tafel) werden die Kinder in ihrer sprachlichen Ausdrucksweise unterstützt.

❖ Besondere Informationen zur Lerngruppe

Das Leistungsniveau der EP ist heterogen.
Die vier Kinder mit besonderem Förderbedarf erfahren derzeit Unterstützung von einer Sonderpädagogin, die sie in Mathe und Deutsch auf ihrem Niveau, durch geeignetes Material entsprechend fördert.

❖ Darstellung des Unterrichtsverlaufes

Methodische Entscheidungen	Begründung
Anknüpfung an die vorangegangene Stunde - Formulierung des Ziels und des Stundenverlaufs (im Kinositz)	Die SuS haben die Möglichkeit sich der Zielsetzung der Unterrichtsreihe bewusst zu werden.
Impuls: Tafelbild mit sich widersprechenden Ergebnissen der letzten Stunde (Tabelle mit Gegenständen: „schwimmt"/ „geht unter")	Die SuS können sich ihrer Präkonzepte zum Schwimmverhalten von Gegenständen bewusst werden und erste Vermutungen äußern. Ggf. werden bereits hier Widersprüche in Vorstellungen erkannt und anhand von Demonstrationsversuchen als Fehlkonzepte herausgestellt.
Gemeinsames Formulieren von All-Aussagen an der Tafel.	Wichtige Vermutungen der Kinder werden mit Hilfe des Wortspeicherplakats formuliert und an der Tafel visualisiert. Sie dienen als Arbeitsgrundlage für die Transformation und als Gesprächsgrundlage für die Reflexion.
Klärung der Lernaufgabe (Verteilung der Versuche anhand von Gruppen- und Tischnummern)	Die Lernaufgabe wird vorgestellt, Fragen und Unsicherheiten können geklärt werden und ein zeitlicher Rahmen, visualisiert durch die Countdown Uhr, wird festgelegt. Die Materialien für die Versuche stehen an nummerierten Tischen bereit.
Gruppenarbeit – Durchführung der Versuche und Festhalten der Ergebnisse	Die SuS testen in Gruppen von 4 Personen verschiedene Materialien auf ihr Schwimmverhalten. So können sie sich gegenseitig unterstützen, unterschiedliche Vorstellungen und Erklärungsvorschläge diskutieren und sich im sozialen Miteinander üben. Ein Material wird von zwei Gruppen getestet – als Unterstützung schwächerer SuS und um die Reflexion nicht zu lang zu gestalten.
Schnelle Gruppen erarbeiten die Forscheraufgabe zur Anknüpfung an die nächste Stunde: „Wie baue ich ein Floß?"	Das selbstständige Auswählen geeigneter Gegenstände für den Floßbau soll das Anwenden der aufgebauten Konzepte und gewonnener Einsichten fordern. Die SuS bekommen die Chance in ihrem individuellen

	Arbeitstempo zu arbeiten.
Die Gruppen erläutern ihre Ergebnisse mit Blick auf die Vermutungen vom Beginn der Stunde und stellen Überraschendes vor.	Das Vorstellen der Ergebnisse ermöglicht allen Kindern einen Überblick über das Schwimmverhalten aller Gegenstände. Das Thematisieren von Überraschendem greift Fehlvorstellungen der Kinder auf und stellt sie den tatsächlichen Vorgängen gegenüber (dies reizt einen Konzeptwechsel an). Die Vermutungen werden erneut diskutiert und entweder verbessert oder bestätigt. So wird das Materialkonzept gemeinsam ausdifferenziert und gefestigt.
Ausblick auf die nächste Unterrichtsstunde: Wir bauen ein Floß Hausaufgabe: Zu Hause geeignete Gegenstände sammeln für den Floßbau. - „Was könntest du dazu mitbringen?"	Den SuS soll eine Verlaufstransparenz deutlich werden, um in der nächsten Unterrichtsstunde an dieser anknüpfen zu können. Die Ergebnisse der Forscheraufgabe werden von den Gruppen vorgestellt, die das AB bereits bearbeitet haben, um die Möglichkeit einer Differenzierung im Lernangebot zu geben.

❖ Lernkomponenten

INITIATION

- Impuls: Tafelbild mit sich widersprechenden Ergebnissen der letzten Stunde (Tabelle mit Gegenständen: „schwimmt"/ „geht unter")
  Diskussionsfrage: Warum ist z.B. der Knopf bei „schwimmt" und bei „geht unter" eingetragen?
- gestaltete Mitte mit zusätzlichen Materialien, die die Vorstellungen der Kinder anregen

ORIENTIERUNG

- Anknüpfung an die vorangegangene Stunde
- Zieltransparenz (Stundenthema am roten Faden)
- Verlaufstransparenz (Stundenverlauf an der Tafel)
- klare Arbeitsanweisungen
- Materialkisten und Arbeitsblätter
- Vermutungen- und Ergebnissammlung an der Tafel
- Forscheraufgabe: „Floßbau"
- vorgegebene Gruppenarbeit
- akustisches Signal zum Phasenwechsel
- Countdown Uhr – Zeittransparenz

INTEGRATION

Die SuS knüpfen an ihre Vorstellungen zum Schwimmverhalten verschiedener Gegenstände an und verwerfen und korrigieren sie oder differenzieren diese aus.

TRANSFORMATION

- Die SuS führen selbstständig in Gruppen Versuche zum Schwimmverhalten verschiedener Gegenstände desselben Materials durch.
- Sie notieren ihre Vermutungen und Beobachtungen und versuchen Erklärungen für ihre Ergebnisse zu formulieren.

REFLEXION

- Die Gruppen erläutern ihre Ergebnisse und stellen Überraschendes vor.
- Die Vorstellungen der SuS an der Tafel werden erneut diskutiert, bestätigt, oder verbessert.

❖ Quellennachweis

Bartnitzky, Horst u.a.: Sachunterricht. Grundlagen, Voraussetzungen des Lernens und Lehrens. In: Kursbuch Grundschule. Grundschulverband. Frankfurt am Main 2009, S. 626-627

Gesellschaft für Didaktik des Sachunterrichts (Hrsg.): Perspektivrahmen Sachunterricht. Vollständige überarbeitete und erweiterte Ausgabe. Bad Heilbrunn, 2013.

Klasse(n)kiste I: Schwimmen und Sinken. Spectra Verlag. Essen 2005.

Kahlert, Joachim: Der Sachunterricht und seine Didaktik. Julius Klinkhardt. Bab Heilbrunn 2009.

Ministerium für Schule und Weiterbildung des Landes Nordrhein-Westfalen: Richtlinien und Lehrpläne für die Grundschule in Nordrhein-Westfalen. Ritterbach Verlag. Frechen 2008.

Posner, G. J. et al.: Accommodation of scientific conception - Toward a theory of conceptual change. Science Education 66(2), 1982, S. 211-227

Internetquellen

http://www.uni-muenster.de/Koviu/filme/index.html (letzter Zugriff am 24.10.2014, 11:30 Uhr)

Kann Holz schwimmen?

Kreise ein, was dich überrascht.

Gegenstand	Schwimmt	geht unter
Streichholz		
Holzplatte		
Holzplatte mit Löchern		
Knopf		
kleiner Ast		
großes Holzstück		
Holzwürfel		

Alles, was aus Holz ist, _____ !

Kann Metall schwimmen?

Kreise ein, was dich überrascht.

Gegenstand	Schwimmt	geht unter
Nagel		
Metallplatte mit Löchern		
Draht		
Metallknopf		
Metallklotz		
Schlüssel		
Löffel		

Alles, was aus Metall ist, _____ !

Kann Wachs schwimmen?

Kreise ein, was dich überrascht.

Gegenstand	Schwimmt	geht unter
Wachsstückchen		
Teelicht		
lange Kerze		
Wachsklotz		
große dicke Kerze		

Alles, was aus Wachs ist, _____ !

Kann Stein schwimmen?

Kreise ein, was dich überrascht.

Gegenstand	Schwimmt	geht unter
großer Stein		
Stein mit Löchern		
platter Stein		
Fliese		
kleiner Stein		

Alles, was aus Stein ist, _____!

Kann Styropor schwimmen?

Kreise ein, was dich überrascht.

Gegenstand	Schwimmt	geht unter
Styroporwürfel		
Styroporplatte mit Löchern		
Styroporplatte		
kleines Stück Styropor		
großes Stück Styropor		

Alles, was aus Styropor ist, _____ !

Wir bauen ein Floß

1. Welche Gegenstände kannst du für dein Floß benutzen?

Schreibe oder male sie auf:

2. Wie könnte dein Floß aussehen? Zeichne es auf: